Jules Jamin

La Météorologie

Ses progrès et ses moyens d'observation

ISBN : 978-1722156640

10 9 8 7 6 5 4 3 2 1

Jules Jamin

La Météorologie

Ses progrès et ses moyens d'observation

Table de Matières

Introduction

Dans les profondeurs des terrains sur lesquels nous vivons, les géologues rencontrent des restes de végétaux maintenant inconnus, des traces d'animaux étranges que l'homme n'a jamais vus ; ils reconnaissent à des signes indubitables que des mers étendues couvraient autrefois la place qu'occupent les continents actuels, qu'en certains lieux le sol, sous l'action d'une puissance souterraine énergique, s'est élevé à de grandes hauteurs ou abaissé sous le niveau des eaux. Ici se montrent des volcans éteints ou des lits de glaciers desséchés, partout se dessinent les preuves de révolutions successives et profondes. La terre n'a donc pas toujours été ce que nous la voyons aujourd'hui ; elle a échappé à des commotions qui ont transformé sa structure générale et détruit ses habitants, et rien ne nous autorise à penser qu'arrivée aujourd'hui au terme de ses transmutations séculaires, elle ait atteint un état d'immuabilité qui ne doive plus à l'avenir être troublé par des modifications nouvelles.

Ces notions sur le passé de notre planète, ces craintes pour l'avenir de l'homme suffiraient pour nous engager à observer avec soin, au moyen des instruments que nous procure la physique, l'état actuel de la terre, la constitution de son atmosphère, tous les phénomènes généraux que les agents physiques y développent perpétuellement, et qui constituent pour ainsi dire la vie minérale du globe. Un autre mobile cependant, d'un intérêt plus pressant et plus direct, nous invite à cette étude, et en dehors des lumières qu'elle peut jeter sur le passé ou l'avenir du monde où nous vivons, il est des enseignements d'ordre pratique et d'application immédiate qu'on peut lui demander. Indiquer par quels procédés on obtient ces enseignements, montrer ensuite par quelques exemples le parti qu'on en peut tirer, ce sera développer le but de la météorologie, dont se révéleront ainsi avec une égale netteté la valeur scientifique d'abord, puis l'utilité journalière.

Section I

L'atmosphère est un milieu sans cesse troublé par des causes nombreuses. Si elle était uniquement composée d'air, si elle avait une température égale sur les divers points du globe, elle arrive rait bientôt à un état d'équilibre stable qui persisterait sans altération pendant la suite des siècles ; mais il n'en est pas ainsi : l'action échauffante du soleil, inégalement intense aux diverses latitudes et alternativement dirigée sur un des deux hémisphères opposés du globe, dilate successivement la masse atmosphérique dans ses di verses parties, et développe sur le sol des courants d'air ou des vents dont les directions et les vitesses sont perpétuellement changeantes. À cette cause de perturbation vient s'ajouter l'influence de la vapeur aqueuse ; elle se forme sur les mers, se transporte avec les vents sur la surface des continents, où elle se précipite en eau. L'atmosphère est donc à chaque instant dans une situation d'équilibre mobile, cherchant éternellement un état stable qu'elle n'atteint jamais, parce, que des causes perturbatrices, périodiques ou accidentelles, agissent à chaque instant et dans des conditions incessamment variables. De ces mouvements résultent tous les phénomènes atmosphériques, les alternatives de pluie et de sérénité, de calme et de tempête, de chaleur et de froid, effets qui ont sur l'homme, sur ses habitudes ou ses plaisirs, une si capitale influence. C'est du besoin que nous avons de nous soustraire aux influences fâcheuses de l'atmosphère, et de profiter pour notre usage de ses actions bienfaisantes, qu'est née la météorologie. Elle date des premiers âges du monde, elle exerça sans beaucoup de succès les philosophes de l'antiquité, elle servit souvent de texte aux poètes, et bien que son nom soit inconnu, elle fut pour les agriculteurs de tous les temps l'objet d'une préoccupation persévérante : ils observaient avec sagacité et formulaient, dans des adages populaires qui vivent encore, les signes vrais ou faux qui leur servaient à prévoir le retour du beau temps ou la continuation de la pluie. L'influence prétendue des change mens de lune, la pluie de Saint-Médard et tant d'autres croyances léguées d'âge en âge nous révèlent assez le besoin qu'ont les nommes de connaître à l'avance l'état du ciel. Les sciences occultes devaient trouver nécessairement dans ce besoin un aliment sans pouvoir toutefois lui donner satisfaction, et leur influence n'est pas tellement détruite, qu'on ne voie encore les paysans consulter, avec un reste de crédulité, les prédictions du double almanach de Liège. Quand la physique générale commença à s'établir, elle attaqua avec persévérance l'étude des météores ; elle ne songea pas un seul instant à les prédire longtemps à l'avance, mais elle essaya de les expliquer, et comme elle avait commencé par étudier les propriétés des gaz et des vapeurs, elle put toujours comprendre dans son ensemble, et quelquefois même découvrir jusque dans ses détails intimes, le mécanisme des phénomènes qui résultent de l'action simultanée des gaz et des vapeurs.

Ce fut un grand pas ; mais la physique rendit un autre service encore, et un plus mémorable : elle donna à la météorologie des instrument de mesure ; c'était le seul moyen de la constituer comme science, en lui permettant d'exécuter dans tous les lieux des observations précises, et qu'on pouvait ensuite comparer entre elles. Disons quelques mots de ces instruments, de leur but et de l'emploi judicieux que l'on en fait aujourd'hui.

Le premier qui se présente à nous appartient spécialement à la météorologie, il en est le fondement essentiel, car il satisfait au premier de ses besoins : celui de mesurer la pression atmosphérique. L'air est pesant, comme tout le monde peut le vérifier en plaçant sur le plateau d'une balance un vase successivement vide et plein d'air. Dès-lors les couches atmosphériques, attirées par la masse terrestre, doivent exercer sur nous une pression, comme l'eau comprime les poissons qu'elle contient, avec un degré de puissance qui augmente ou diminue quand l'épaisseur de ces couches croît ou décroît au-dessus de nos têtes. Un hasard heureux inspira à Toricelli l'idée de mesurer cette pression par la hauteur de mercure qu'elle peut soulever dans un tube vide, et le baromètre fut inventé ; dès-lors, par un procédé aussi simple qu'il est précis, on put, dans tous les lieux du monde, mesurer et comparer les changements de poids qui surviennent dans les couches d'air, au moment même où ils ont lieu. À peine inventé, cet instrument offrit une qualité inattendue : il se trouva que le baromètre baissait par les temps de pluie et mon tait quand le ciel était serein. Deluc, se pressant un peu trop d'expliquer une propriété imprévue, justifia ou crut justifier cette singulière coïncidence, et l'on eut un appareil que chacun consulta, et qui fut utile à chacun. Il est bien vrai que, comme indicateur de la pluie, le baromètre n'a pas auprès des savants la même réputation d'infaillibilité qu'aux yeux des gens du monde, et que la théorie de Deluc est aujourd'hui assez compromise ; mais je n'essaierai pas de toucher à la réputation qu'il s'est acquise : je me contenterai de rappeler que la valeur sérieuse du baromètre n'est pas dans la propriété qu'il possède de prévoir avec plus ou moins de probabilité les variations de l'état du ciel, mais d'accuser, par l'élévation plus ou moins grande du mercure qu'il renferme, les augmentations ou les diminutions de hauteur de l'atmosphère au moment même où elles se produisent. Si l'on ajoute à cet appareil les anémomètres, qui ne sont que des girouettes perfectionnées, dont le but est d'indiquer la, direction et la vitesse des vents, on a les deux instruments qui servent à étudier les modifications mécaniques de l'air, c'est-à-dire ses oscillations dans le sens de la hauteur et ses déplacements latéraux, ses changements de pression et ses mouvements de transport d'un, point à un autre du globe.

Pendant que ces mouvements se produisent dans la masse atmosphérique, le rôle de la vapeur d'eau qu'ils transportent s'accomplit : elle empêche les êtres organisés de se dessécher, elle est le plus fécond des moyens employés par la nature pour développer la vie végétale, et bien que son action, quelquefois intempestive, de passe ou n'atteigne pas le but que les hommes en attendent, elle est réglée dans ses effets d'ensemble par un mécanisme général qui la rend plus abondante aux lieux et aux époques où elle est le plus, utile. Pour bien comprendre ce mécanisme, pour analyser dans ses détails le rôle de la vapeur d'eau, il fallait aux météorologistes un instrument capable d'en constater la présence et d'en mesurer la proportion. Ce n'est, en effet, qu'après avoir attentivement étudié ce, problème, qu'ils pourront expliquer les météores aqueux et apprécier la relation qui les lie à la cause qui les détermine. On a pendant bien longtemps cherché un instrument mesureur de l'humidité, et pendant longtemps on a échoué. On crut l'avoir trouvé quand on eut, reconnu dans certaines substances la propriété d'attirer l'humidité, et de changer de volume sous son influence. Les cheveux qui s'amollissent et s'allongent à la pluie, les cordes qui se tordent et se raccourcissent devinrent des hygromètres. On imagina ce tableau parlant d'un capucin qui se découvre au soleil et se coiffe à l'humidité, et quelques autres appareils aussi pittoresques, mais aussi peu précis. Enfin de Saussure, régularisant ces procédés grossiers, dont il acceptait le principe, imagina l'hygromètre à cheveu, qui fit époque dans la science, sans toutefois la servir beaucoup. C'est un petit appareil élégant et délicat, portant un seul cheveu tendu qui s'allonge ou se contracte sous l'influence de l'humidité ou de la sécheresse ; une aiguille qui parcourt un cadran d'argent mesure les variations sur une division tracée d'avance, elle indique si l'air est voisin de la sécheresse absolue marquée 0, ou rapproché de l'humidité extrême indiquée par le chiffre 100. Il y avait tant de simplicité dans le principe de l'hygromètre à cheveu et une si grande commodité dans l'emploi de cet instrument, qu'on l'accepta tout d'abord sans voir qu'il n'était pas de nature à satisfaire les météorologistes. Il leur faut autre chose qu'une graduation arbitraire, ils doivent connaître le nombre de grammes d'eau que renferme un mètre cube d'air à un moment quelconque de la journée : c'est ce que l'instrument de Saussure ne pouvait leur apprendre, et quand on vit que cette qualité lui manquait, on se lança dans des expériences longues et nombreuses pour en perfectionner la graduation. Elles ne furent jamais bien satisfaisantes, et l'on n'a pu sauver d'un discrédit complet cet hygromètre, plus ingénieux que rationnel. Forcés de se tourner vers des procédés plus sûrs, les physiciens ont mieux réussi quand ils ont mieux connu les propriétés des vapeurs. Le physicien anglais Daniell place dans l'air un vase plein d'eau, il le refroidit, et bientôt une rosée fine se dépose sur la surface extérieure : plus l'air est humide, moins il faut refroidir le vase pour y amener la rosée ; plus il est sec, plus il faut abaisser la température avant de condenser la vapeur. Cette simple observation suffit pour reconnaître l'état hygrométrique de l'air. Enfin et tout récemment, le docteur August, de Berlin, a remarqué que si on couvre d'une gaze mouillée le réservoir d'un thermomètre ordinaire, on en abaisse la température. Cela se comprend aisément, car l'eau dont la gaze est imprégnée s'évapore et se refroidit, et comme elle s'évapore avec une abondance proportionnée au degré de sécheresse de l'atmosphère, elle occasione un abaissement de température plus grand dans l'air sec que dans l'air humide. Au moyen de ces instruments, de quelques formules simples où de graduations convenablement préparées, les observateurs peuvent aujourd'hui savoir comment se fait le mouvement de la vapeur d'eau dans l'air. Ils font mieux encore : ils étudient la distribution générale de cet agent sur les mers, sur les continents, près des pôles ou sous l'équateur, pendant les diverses saisons ; ils démêlent les influences locales, constatent les résultats généraux, et il leur devient plus facile de saisir les circonstances qui précipitent les vapeurs sous forme de rosée, de givre, de pluie, de neige ou de glacé. Ils étudient ensuite ces météores eux-mêmes, et mesurent la quantité d'eau qui tombe annuellement sur la surface d'un pays, chose bien facile, car il suffit de la recevoir sur le fond supérieur d'un tonneau, de la laisser couler dans l'intérieur par un petit trou percé à dessein, de la conserver et de la mesurer à la fin de l'année.

On peut commencer à entrevoir dans quel champ la météorologie se meut et quel but elle poursuit. Nous venons de la voir s'emparer des instruments de la physique qu'elle perfectionne et les appliquer à l'observation des météores comme les astronomes dirigent leurs lunettes vers le ciel pour en mesurer les mouvements ; comme eux aussi, elle va étudier les causes. Quel est donc l'agent de ces déplacements continuels de l'air et de ces effets perpétuellement renouvelés de la vapeur d'eau ? Il n'est pas difficile de le deviner, cet agent, sinon exclusif, au moins principal, est la chaleur qui nous vient du soleil. Inégalement distribuée sur le globe et versée successivement sur les diverses contrées, elle détruit perpétuellement un équilibre qui s'établirait sans son action. Il faut donc étudier l'état calorifique de l'atmosphère, non-seulement parce qu'en lui-même il constitue un des éléments de la vie du globe, mais encore parce qu'il est la cause des phénomènes qui s'y produisent, et qu'une science ne peut se proposer d'autre but que la recherche des relations qui s'établissent entre les causes et les effets. L'instrument qui servira à cette étude est tout prêt, c'est le thermomètre ; mais on se tromperait étrangement si l'on pensait que l'emploi de cet instrument, qui paraît facile, n'exige pas de précautions. Aucun appareil ne serait plus illusoire, aucun moyen d'observation plus inutile que le thermomètre et ses indications, si l'on ne s'imposait des règles rationnelles en le consultant : c'est ce que les réflexions suivantes justifieront bientôt.

Les rayons solaires arrivent aux limites supérieures de l'atmosphère terrestre avec une puissance calorifique considérable, qui ne s'est point affaiblie par leur trajet au travers des espaces célestes ; mais au moment où, continuant leur route, ils s'enfoncent dans les couches gazeuses dont la terre est entourée, ils en subissent l'action absorbante, se dépouillent progressivement, et n'arrivent au sol qu'après avoir perdu une portion notable de leur intensité primitive. L'air recueille ce qu'ils abandonnent, et pendant que le rayonnement solaire s'affaiblit, la température de l'air s'élève. Ces deux phénomènes complémentaires, qu'il est important de distinguer, surprennent ordinairement les voyageurs au moment même où ils atteignent aux sommets les plus élevés des montagnes. Placés sur la neige, au milieu d'une atmosphère qui les glace, ils reçoivent l'action directe d'un soleil qui ne s'est point affaibli et qui les brûle ; ils se trouvent ainsi dans une situation comparable à celle d'un homme qui s'approcherait d'un grand feu allumé l'hiver au milieu de la campagne. S'il faut distinguer, dans la théorie, entre l'intensité directe du soleil et le degré d'échauffement de l'air, il n'est pas moins nécessaire de séparer ces effets au moment où l'on observe le thermomètre. Veut-on mesurer la température de l'atmosphère, il faut placer l'instrument à l'ombre, loin de tout rayonnement ; a-t-on au contraire le désir de connaître l'action calorifique directe du soleil, on opérera tout autrement. On exposera à l'influence des rayons lumineux un vase plein d'eau froide : l'eau y éprouvera un réchauffement ; on le mesurera, et l'on en déduira la quantité de chaleur que le soleil verse sur la terre. C'est avec un instrument de ce genre, qu'il a nommé pyrhéliomètre, que M. Pouillet nous a fait apercevoir la puissance du soleil, puissance énorme, car elle pourrait, dans l'espace d'une année, liquéfier une couche de glace qui couvrirait la terre et aurait une épaisseur égale à 31 mètres.

Il n'est pas seulement nécessaire de placer à l'ombre le thermomètre qui doit donner la température de l'air, il faut encore le sous traire à une autre cause de perturbations tout aussi graves, provenant d'une action tout opposée. La terre ne garde pas la chaleur que lui envoie le soleil ; à son tour, elle rayonne vers les espaces célestes, à qui elle rend ce qu'elle a reçu et ce qu'elle possède en propre de calorique, et ces rayons terrestres, traversant eux-mêmes l'atmosphère de bas en haut, y subissent un affaiblissement progressif comme les rayons solaires. Ce qui reste de ce rayonnement, quand il a franchi les limites du milieu gazeux, se perd vers la voûte étoilée. Or il n'est pas difficile de comprendre que, pendant le jour, la terre reçoit plus qu'elle ne rend, ce qui l'échauffé, et que, pendant la nuit, elle perd plus qu'elle ne gagne, ce qui lui donne une température inférieure à celle de l'air.

Cette conséquence tout à fait inattendue exigé une expérience qui la confirme. En voici une qui ne peut laisser aucun doute, elle est due à Wells, et elle est célèbre. Ayant placé dans l'herbe d'un pré, pendant une nuit sereine, deux thermomètres entièrement semblables, il laissa l'un des deux exposé à la libre vue du ciel et couvrit le second avec un mouchoir fixé sur quatre tiges de bois, et qui s'interposait comme un écran entre le ciel et l'instrument. Le premier thermomètre et le second étaient tous les deux entourés par la même couche d'air, et cependant le second se maintint à 6 degrés au-dessus du premier. Le thermomètre libre perdait sa chaleur, qui s'échappait vers le ciel, le thermomètre couvert la conservait et marquait la température de l'air dont il était enveloppé. De ces détails nous tirerons une conclusion prévue : c'est que l'on peut et que l'on doit, en météorologie, faire trois usages différents et nécessaires du thermomètre. Placé à l'ombre et couvert d'un toit protecteur, il indiquera la température de l'air ; soutenu librement sans abri, il marquera par son refroidissement la puissance du rayonnement terrestre. Placé enfin au milieu d'une masse d'eau exposée au soleil dont il indiquera le réchauffement, il servira à connaître la puissance pyrhéliométrique. L'ensemble des résultats obtenus dans ces trois modes d'expérimentation conduira à la connaissance des mouvements calorifiques divers dont l'atmosphère est le théâtre, et la comparaison de ces mouvements avec les effets des vents et des vapeurs pourra faire découvrir des dépendances encore inconnues.

Ce n'est pas seulement à la chaleur qu'est dévolu le rôle de mettre en jeu les ressorts de la vie minérale sur le globe : l'électricité y exerce une action souvent obscure, toujours fort étrange et quelquefois terrible. Inconnue dans son essence, se développant au moment de l'évaporation des eaux, au milieu des actions végétales et en général pendant tous les mouvements physiques du globe, elle se répand dans l'air, où elle ne manifeste ordinairement sa présence qu'avec le secours des électromètres les plus délicats. Quelquefois cependant elle s'y accumule, alors elle allume des aigrettes lumineuses sur les pointes des édifices, les épées des soldats ou les sommets des mâts : c'est le feu Saint-Elme. Dans les régions polaires, elle illumine le ciel de lueurs étranges, qui sont les aurores boréales. C'est à l'électricité que Volta attribuait la formation de la grêle ; dans les orages, elle produit le tonnerre en boule et tous ces désastreux effets dont Franklin a si bien deviné la cause et annulé l'action. Les météorologistes ne connaissent pas encore entièrement le rôle de l'électricité dans le monde ; ils doivent l'étudier comme ils étudient tous les autres agens, avec le secours des électromètres qu'ils possèdent. Ils peuvent lancer des cerfs-volants métalliques, des flèches retenues au sol par une chaîne conductrice, ou continuer les expériences de Richmann avec des paratonnerres isolés. Ils le peuvent, et ils le doivent d'autant plus qu'un besoin nouveau s'est fait sentir, celui de préserver de la foudre les télégraphes électriques, qu'elle bouleverse. S'ils se dirigent dans cette voie, ils devront s'entourer de précautions : on ne joue pas impunément avec le tonnerre, et c'est au milieu d'expériences de ce genre que Richmann fut foudroyé.

Le hasard, dit-on, fit découvrir à un berger de l'antiquité une pierre de nature spéciale qui attire le fer. Longtemps regardée comme un objet de curiosité, cette substance fut ensuite étudiée avec plus de soin. Taillée en aiguille allongée, elle offrit deux pôles d'action ; suspendue par son milieu, elle se dirigea dans une position toujours la même, et qui était à peu près celle du méridien. On en fit alors la boussole. Aussitôt cependant que Christophe Colomb se lança dans l'Océan-Atlantique, il s'aperçut que l'aiguille aimantée n'avait pas une direction constante. Les besoins de la navigation de terminèrent alors des recherches nombreuses. On construisit des appareils magnétiques, on leur donna la précision des instruments d'astronomie et on les promena sur le globe. Il fut bientôt constaté que la terre était elle-même un aimant, qu'elle avait ses pôles magnétiques ; on reconnut des variations diurnes, annuelles et séculaires de la boussole, et il devint nécessaire de l'étudier journellement pour en connaître les perturbations. Un exemple fera comprendre cette nécessité.

Au moment où la boussole fut inventée, on parut croire que l'aiguille se dirige exactement vers le nord ; il n'en est rien, on le vit bientôt, et on se mit à fixer avec précision sa direction géographique. À Paris, en 1580, l'aiguille se portait vers l'est ; elle faisait avec le méridien un angle de 11 degrés 1/2. On l'installa solidement, on l'observa attentivement, et on la vit progressivement se rapprocher du méridien. En 1663, elle coïncidait parfaitement avec lui ; mais, continuant sa marché pendant les années suivantes, elle se tourna du côté de l'ouest jusqu'à faire un angle de 22 degrés en 1805, et resta à peu près stationnaire dans cette position pendant les années suivantes. Dans l'espace de deux cent vingt-cinq années, l'aiguille aimantée s'est déplacée de 33 degrés environ. Ainsi, pendant une période extrêmement restreinte, le magnétisme terrestre s'est modifié à la station de Paris d'une manière très sensible, et sans aucun doute il continuera à se transformer dans la suite des siècles. Comment se fera cette modification ? On ne peut le prévoir ; mais qu'il soit utile de l'étudier, on ne peut le contester.

C'est une chose remarquable que les connexions qui se dévoilent quelquefois entre des phénomènes en apparence extrêmement dissemblables. Arago signala le premier un fait dont aucune théorie ne pouvait alors prévoir la signification, et qui suscita des discussions passionnées. Il annonça que l'aiguille aimantée éprouve des perturbations au moment des aurores boréales ; non-seulement il observa ces perturbations toutes les fois qu'une aurore boréale était visible à Paris, mais en comparant les dates il put montrer que des mouvements de l'aiguille avaient été constatés à l'époque même où des aurores invisibles à Paris avaient été signalées dans les contrées polaires. Aujourd'hui personne ne révoque en doute cette singulière coïncidence, et, inexpliquée au moment Où elle fut découverte, elle parut être naturelle quand on eut reconnu l'origine électrique des aurores boréales. Sans aller bien loin dans le champ des conjectures, il est permis de penser que l'action magnétique de la terre ne se limite pas aux effets que l'on a jusqu'à présent constatés. On vient de découvrir tout récemment que l'oxygène, ce gaz qui constitue en partie l'atmosphère terrestre, est attiré par l'aimant. Il doit s'accumuler aux pôles magnétiques de la terre, prévision non encore justifiée par les observations, mais qui nous laisse au moins l'espérance de trouver un jour dans l'action magnétique du globe un des éléments qui règlent la statique de l'atmosphère.

Si nous récapitulons les idées générales que nous venons de passer en revue, nous voyons l'enveloppe solide du globe recouverte en partie par les eaux, enveloppée par une masse gazeuse composée de vapeur et d'air. Cet ensemble d'éléments inertes, dont nous connaissons les propriétés, est livré à l'influence de forces multiples et dis semblables, — la chaleur, l'électricité et le magnétisme, — sans compter les attractions célestes. Sous la pression de ces agents, la matière du globe accomplit régulièrement des fonctions générales déterminées, variées à l'infini dans leurs manifestations et soumises à des influences perturbatrices locales qui en dissimulent l'harmonie. Étudier dans chaque coin du globe les météores qui nous frappent, éliminer les actions locales et formuler les circonstances générales, tel est le premier but de la météorologie ; — analyser la production et le développement des agents qui donnent la vie au monde sera le deuxième ; — enfin chercher les relations qui existent entre les causes et les effets, constituer par une théorie générale l'ensemble des phénomènes vitaux du monde en les faisant descendre de leurs causés, comme l'astronomie déduit le mouvement du monde de l'attraction newtonienne, tel devra être le couronnement d'une œuvre à peine commencée aujourd'hui. À travers quelle longue chaîne de tentatives stériles et de travaux illusoires arrivera-t-on à un but si distant ? C'est ce qu'il n'est pas possible de présumer ; mais s'il est un moyen d'eu approcher, il est sans contredit dans l'association d'un grand nombre d'hommes dévoués à la même étude. C'est là ce que nous voudrions faire comprendre.

Il est bien rare qu'un phénomène naturel puisse être étudié complètement par un seul homme : cela n'a lieu que dans le cas très particulier où il se reproduit fréquemment, et où la cause, agissant dans un espace très restreint, y développe tout son effet, de telle façon qu'un observateur unique puisse voir souvent et sous toutes ses faces le phénomène en lui-même et la cause qui le détermine. C'est ce qui arrive pour un météore bien ordinaire, la rosée. L'ana lyse même des circonstances de ce météore nous apprendra comment l'étude doit procéder dans ce dernier cas.

On avait, depuis Aristote, essayé sans succès d'expliquer la rosée. Pour les uns, elle tombait du ciel, pour les autres elle sortait de la terre, sans qu'on la vît ou tomber ou s'élever. Wells résolut simplement la question par un petit nombre d'observations rationnellement conduites. Il prenait des flocons de laine, les pesait, les étalait sur le sol au coucher du soleil, et mesurait la rosée qu'ils avaient reçue par l'augmentation de poids qu'ils avaient éprouvée. Au bout de quelques jours d'études, il avait reconnu que la rosée est abondante par les temps sereins sur les lieux découverts, qu'elle ne se produit pas sous une toile tendue, sous un toit ou sous les nuages, c'est-à-dire sous un abri quelconque, à quelque distance qu'il soit placé. La condition essentielle du phénomène est que l'objet qui reçoit la rosée soit exposé librement à la vue du ciel étoilé. Voilà une manière très philosophique d'observer ; quand on sait ce qui favorise ou détruit l'effet inconnu dont on s'occupe, on a fait un grand pas vers l'explication.

Que se passait-il donc de si différent dans ces flocons de laine exposés à la vue du ciel ou couverts d'un abri ? Wells le chercha en posant au milieu de chacun d'eux des thermomètres semblables. Ceux des thermomètres qui étaient protégés baissèrent peu, ceux qui étaient libres furent considérablement refroidis. Il y a là une coïncidence qu'il faut remarquer. Quand il y a refroidissement, il y a dépôt de rosée, et quand la température ne s'abaisse point, la rosée ne se montre pas. Alors l'explication du phénomène s'offre naturellement à l'esprit. La laine refroidie condense la vapeur d'eau répandue dans l'atmosphère, comme les vitres d'un appartement échauffé pendant l'hiver, comme la surface d'une carafe remplie d'eau glacée pendant l'été, et si on s'élève de cette expérience de Wells à l'action qui se produit dans la nature, on conclut que l'herbe des prés se refroidit en présence du ciel pendant la nuit et se couvre de la vapeur que l'air lui cède. La rosée ne tombe pas du ciel, elle ne sort pas du sol : c'est l'air qui la contenait en vapeur et qui l'abandonne sous la forme de gouttelettes liquides. Il ne reste plus qu'une question à poser, c'est celle-ci : pourquoi l'herbe se refroidit-elle ? C'est qu'elle rayonne pendant la nuit de la chaleur vers le ciel et ne reçoit rien en échange. Pourquoi ne se refroidit-elle pas sous un abri ? C'est que celui-ci, par son interposition entre la terre et l'espace, empêche la chaleur de s'échapper. Cette explication est complète ; elle est d'autre part un exemple d'un fait météorologique simple dans lequel toute la série des actions se développe au même lieu : c'est en un point qu'agit la cause, c'est au même point que se voit l'effet, et un seul observateur suffit pour l'étudier.

Malheureusement tous les météores sont loin d'offrir une simplicité aussi grande. De nombreuses observations individuelles, de longues années et une récapitulation consciencieuse sont le plus souvent des éléments indispensables d'étude. Tout le monde a lu les remarquables notices qu'Arago publiait autrefois dans l'*Annuaire du Bureau des Longitudes* ; je choisis celle qui traite du tonnerre. Arago aurait pu se contenter de présenter un exposé didactique des actions électriques et montrer dans les effets du tonnerre la répétition en grand, et dans un laboratoire inaccessible, des expériences de la physique ; il choisit une marche opposée et plus rationnelle. Il recueillit tous les faits observés depuis les époques les plus reculées, les classa méthodiquement, et sans prononcer le mot d'électricité, fit l'histoire des effets du tonnerre avec les récits des témoins oculaires. Je prends un exemple presque au hasard. On avait souvent remarqué aux sommets des montagnes des traces sinueuses où les roches étaient fondues. Ramond sur le pic du Midi, de Saussure dans les Alpes, de Humboldt en Amérique, s'accordaient dans leurs descriptions et aussi dans leurs explications ; ils attribuaient ces effets de fusion au tonnerre. D'un autre côté, on trouve dans les plaines de la Silésie ou dans les sables de l'Égypte des tubes profondément enfoncés dans le sol, et dont les parois fondues sont composées des mêmes éléments que le terrain qui les entoure réunis et agglutinés par la chaleur. Ces tubes se nomment des *fulgurites*, et l'opinion commune les attribue à l'action de la foudre. Jusque-là ce sont des effets constatés de causes inconnues et des explications non justifiées ; mais voici qu'un jour M. Hägen de Konisberg voit de sa fenêtre le tonnerre tomber sur un bouleau, il fait fouiller au pied et y découvre un fulurite bien constitué et encore chaud. Voici un second fait : en 1790, dans le parc d'Aylesford, un paysan va chercher sous un arbre un refuge contre l'orage ; le tonnerre tombe sur lui, le foudroie et le laisse dans la position qu'il occupait. On le retrouva quelque temps après, encore appuyé sur son bâton ferré, dont la pointe fichée, dans le sol se continuait par un fulgurite... C'est ainsi que des observations individuelles, nombreuses, faites par plusieurs personnes, sont nécessaires avant qu'on puisse établir une théorie rationnelle des phénomènes météorologiques.

Mais la nécessité de travaux collectifs, exécutés par une société formée d'observateurs ayant un but commun, devient surtout évidente quand il faut étudier un point de la statique météorologique du globe. Je vais prendre un exemple célèbre : il s'agit des températures de l'air et de leur distribution sur la surface du globe.

Il n'est pas nécessaire de recourir à l'emploi d'un thermomètre pour savoir qu'en un point arbitrairement choisi sûr la surface terrestre, la température de l'air varie aux diverses heures de la journée. Faible au moment du lever du soleil, elle augmente généralement jusqu'à deux heures, pour décroître ensuite d'une manière progressive jusqu'au matin suivant, et recommencer périodiquement les mêmes variations diurnes régulières, auxquelles s'ajoutent les complications perturbatrices amenées par l'état du ciel ou les changements de direction des vents. Si un observateur avait attentivement étudié pendant toute la durée d'un jour l'état du thermomètre et qu'on lui demandât quelle en a été la température, il serait obligé, ou bien de raconter en détail les variations qu'il a mesurées, ou bien d'imaginer une méthode exacte et régulière de les résumer dans un chiffre unique : c'est ce que l'on a réussi à faire. On prend la moyenne des résultats obtenus à chaque heure de la journée, et on admet que l'effet d'ensemble aurait été le même, si pendant tout le temps de l'observation la température fût restée invariablement égale à cette moyenne. On substitue au jour réel, dans lequel la température est perpétuellement changeante, un jour fictif, où elle serait toujours constante, et c'est cette température intermédiaire que l'on nomme en météorologie la *température moyenne* d'un jour. continuant les mêmes études et la même réduction pour toute une année, on trouve des journées d'hiver très froides, des journées d'été très chaudes, séparées par des températures moins excessives : on répète alors pour l'année le même raisonnement que pour un jour. On en calcule la température moyenne, et l'on suppose que l'effet thermique général est équivalent à celui d'une année imaginaire dans laquelle toutes les saisons auraient offert une température uni forme et invariable égale à cette moyenne. Une multitude de mesures se résument ainsi dans un chiffre unique, les détails des observations journalières se concentrent dans un résultat d'ensemble qui les récapitule, et l'état calorifique moyen d'une localité se dégage des nombreuses perturbations qui le dissimulent. On oublie alors les patientes études de chaque jour, on conserve les nombres qui les récapitulent, on les classe, on les discute, on en peut déduire les lois générales de la statique du globe.

Une première conséquence découle de ces observations : quand nous voyons les années qui se succèdent se caractériser par des résultats agricoles très dissemblables, par la fécondité ou la stérilité du sol, par l'abondance des pluies ou la sécheresse de l'air, quand nous récapitulons certaines dates néfastes ou heureuses, nous pouvons nous former deux opinions opposées sur les phénomènes du globe. Il se peut que les différences que l'on remarque entre les années successives soient dues à des inégalités réelles de la quantité de chaleur versée annuellement sur la terre, et dans ce cas elles seront expliquées et démontrées, si l'on reconnaît des inégalités correspondantes entre les moyennes que les météorologistes calculent ; mais il se peut aussi que la chaleur reçue sur un point du globe de meure constante pendant toutes les années, et que la manière dont elle se distribue entre les diverses saisons soit seule différente : dans ce cas, les moyennes de toutes les années devront être invariables. L'expérience seule pouvant décider entre ces deux interprétations des faits, il a fallu consulter les observations exécutées dans un très grand nombre de localités, et l'on put formuler cette loi simple et générale : la température moyenne en un point donné du globe est invariable.

Cette loi, qui résolvait d'une manière si précise la question de la variabilité des climats, en souleva une autre plus importante et plus générale, celle de la distribution de la chaleur sur la terre. On comprend aisément que la température augmente progressivement à mesure qu'on s'éloigne des pôles pour s'approcher de l'équateur, et il était bien naturel de penser que les moyennes des divers pays étaient exclusivement réglées par le degré de latitude sans être influencées par la situation spéciale par rapport aux continents, ou aux mers ou aux montagnes. Cependant, après que l'on eut réuni dans des tableaux nombreux toutes les observations que l'on possédait, on vit clairement que la distribution des températures sur le globe ne suivait pas une loi aussi simple. Des villes placées à la même distance de l'équateur offrirent des moyennes très inégales, et de nouvelles observations devinrent nécessaires pour constater et mesurer ces variations imprévues de l'état calorifique. Pour résumer ce fait dans son ensemble, le représenter graphiquement et l'embrasser d'un seul coup d'œil dans tous ses détails, M. de

Humboldt eut l'idée aussi ingénieuse que féconde de réunir, par une ligne tracée sur la carte du globe, tous les points jouissant d'une égale température. Ces lignes, que l'on nomme *isothermes*, sont loin d'être confondues avec les parallèles géographiques, elles sont même sinueuses, et bien que leur marche ne soit pas aujourd'hui irrévocablement fixée, nous pouvons comme exemple suivre à travers le globe l'isotherme qui réunit tous les climats dont la température est de 10 degrés. Nous rencontrons cette isotherme sur la côte occidentale de l'Amérique à la latitude de 46 degrés ; de ce point, elle se dirige à travers le continent vers l'Atlantique, qu'à New-York elle atteint à la latitude de 42 degrés ; elle s'est rapprochée de l'équateur, et cela prouve qu'à latitude égale la côte orientale de l'Amérique est sensiblement plus chaude que le rivage occidental. En pénétrant dans l'Océan, la courbe se relève vers le nord ; elle passe à Dublin au 53° degré, ce qui nous apprend que l'Angleterre possède un climat plus doux que l'Amérique ; enfin, continuant sa route à travers l'Europe, la ligne s'incline de nouveau vers le sud, et se retrouve à Sébastopol par le 44° degré. En résumé, les continents sont plus froids que les îles, et les températures égales ne suivent pas la trace des parallèles géographiques.

Si l'on veut discuter plus complètement ce sujet, on voit apparaître des inégalités nouvelles. Sur les continents, les étés se montrent généralement très chauds, et les hivers amènent des froids excessifs. Dans les îles ou sur les mers au contraire, les différences entre les températures extrêmes sont moins accusées. Dublin et New-York ont une égale température moyenne ; mais, dans la première de ces localités, le climat est uniforme, et dans la dernière il varie entre des limites excessives aux saisons opposées. De là, pour les météorologistes, la nécessité de comparer les contrées sous ce nouveau point de vue de la rigueur des hivers ou de la chaleur des étés, de tracer sur le globe de nouvelles lignes analogues aux isothermes et parcourant les pays dont les hivers ou les étés sont égaux. Viennent, alors des rapprochements et des applications ; on voit les végétaux divers se distribuer sur la surface de la terre, suivant des zones parallèles aux lignes qui tracent l'état calorifique. Une nouvelle science, la géographie botanique, s'appuie sur la météorologie, se développe avec elle, et des conséquences pratiques viennent couronner cette longue étude des températures.

Section II

C'est maintenant le lieu de résumer les procédés généraux et les besoins de la météorologie. Elle part de ces études isolées et toujours ingrates qui, toujours les mêmes, se reproduisent à chaque heure du jour ; elle les rassemble, les résume j et en conclut les températures moyennes des localités diverses. Bientôt elle imagine de les inscrire sur la carte du monde et d'y dessiner des lignes isothermes. Alors ces innombrables travaux individuels, ces observations, qu'on aurait pu croire puériles, se fondent dans un ensemble régulier. On découvre d'abord une loi consolante, celle de l'invariabilité des climats, — ensuite une connaissance précise de la statique calorifique du globe, — enfin un rapport régulier entre la distribution de la chaleur et celle des végétaux. Si l'on veut savoir ce qu'il en coûte pour établir cette vaste récapitulation j il suffit de dire que l'étude, continuée pendant dix ans, de mille localités seulement a exigé plus de 87 millions de mesures thermométriques. Que sera-ce pour le globe entier ? Mais dans les sciences il n'y a qu'une chose qu'on ne calcule pas, c'est le temps que l'on emploie et la peine que l'on prend. Si la météorologie n'est pas aujourd'hui plus avancée, si les lignes isothermes, imparfaitement tracées, ne sont pour ainsi dire que l'ébauche grossière d'un tableau commencé, c'est que les études isolées qui servent de bases n'ont pas été assez nombreuses. Que de fois, en voulant observer les traces d'un phénomène général, on fut contraint d'ajourner des découvertes soupçonnées ! que de fois on a dû s'arrêter à la limite de certaines contrées, parce que les observations manquaient ! Devant cette absence de documents et la nécessité de les obtenir, on a compris que le seul moyen pour parvenir au but était de couvrir le globe d'un réseau d'observateurs examinant les phénomènes dans des conditions identiques. Alors on a songé à organiser les moyens d'étude sur la plus vaste échelle.

Depuis quelques dizaines d'années, nous avons vu le zèle pour la météorologie s'élever jusqu'à la hauteur d'une passion publique. En Angleterre, les sociétés savantes et les observatoires se sont imposés des sacrifices considérables pour installer des appareils, publier des instructions ou des résultats, solliciter le concours des officiers de toutes les marines et faire appel à la bonne volonté des individus. Des associations de météréographes ont été fondées ; il s'est trouvé des savants illustres pour les diriger, des personnages opulents pour les doter, et un nombre considérable d'observateurs bénévoles se sont dévoués à étudier jour par jour, heure par heure, les instruments indicateurs de l'état atmosphérique. De l'Angleterre, la fièvre des investigations s'est répandue sur l'Europe, passant par la Belgique, où elle a trouvé un directeur savant et zélé ; elle s'est étendue sur l'Allemagne ; elle a pénétré en Russie, où elle s'est ménagé l'appui du gouvernement. Un immense réseau d'observatoires couvre aujourd'hui toute l'étendue de l'empire russe, et une armée de météréographes, ayant son général, ses officiers et ses soldats, remplit avec une régularité militaire des registres préparés à l'avance avec des colonnes en blanc où il n'y a qu'à inscrire les indications données par les appareils aux divers moments de la journée.

Au milieu de cette préoccupation générale, quelques personnes ont porté leur attention sur les appareils explorateurs pour les modifier et les bien installer. On a imaginé des thermomètres armés d'un crayon qui tracent eux-mêmes la température sur le cadran d'une horloge, au lieu même qui marque l'heure ; des appareils de photographie font pour ainsi dire le portrait des baromètres ou des boussoles, dont ils fixent à chaque instant l'indication sur une plaque daguerrienne. On n'a plus qu'à les mettre en fonction, à les remonter comme une horloge, et ils remplacent plus exactement et sans dis traction l'observateur, à qui il fallait nécessairement pardonner quelquefois des irrégularités. Ces instruments à indication continue ne furent pas un petit progrès, au dire surtout de ceux dont ils simplifient le travail. Rien ne manqua plus dès-lors à la météorologie, ni les instruments précieux, ni les dévouements individuels, ni les patronages, ni les budgets, ni l'organisation.

Je me trompe, il lui a manqué la France, qui jusqu'à présent ne s'est pas mise au niveau des pays qui l'entourent. Les grandes fortunes trouvent chez nous à s'employer autrement, et les individus songent médiocrement aux sciences ; peut-être n'ayons-nous pas dans le caractère une assez forte dose de cette placidité inerte, de ce dévouement sans passion, qui font trouver du charme dans un commerce intime avec le baromètre. Nos savants d'ailleurs n'ont pas montré une grande émotion à l'endroit de la météorologie ; ceux qui auraient pu faire naître, développer et diriger le mouvement se sont tenus à l'écart ; personne n'a donné l'exemple en exécutant avec continuité des études régulières. L'observatoire de Paris lui-même n'a pas subi l'influence générale, il n'a montré ni entraînement ni mauvais vouloir ; il s'est contenté de continuer ses habitudes traditionnelles sans y rien ajouter, sans en rien retrancher. Entre cet élan passionné qui se développait dans les divers pays de l'Europe et cette indifférence si souvent blâmée que la météorologie rencontrait en France, il y a un contraste dont les causes sont aisées à saisir. C'est que s'il y a parmi les savants français des personnes qui soutiennent cette science, la croyant digne de leur intérêt, il en est d'autres qui la négligent et la déconseillent, parce qu'ils croient mal dirigées les méthodes qu'elle suit, exagérées les espérances qu'elle a fait concevoir, et trompeuses les applications que l'on tente sur la foi de son autorité.

Quand on ouvre un de ces énormes volumes in-quarto que publie le gouvernement russe, on y voit qu'à un jour déterminé, à midi, il faisait beau à Saint-Pétersbourg, que le vent y venait du nord, qu'il y faisait 10 degrés de froid, que le baromètre y marquait 760 millimètres, etc. Ce détail est répété pour tous les jours de l'année et pour tous les observatoires établis. Certes rien n'est moins intéressant. — Mais, disent les partisans de la météorologie, supposez qu'on ait laissé écouler plusieurs années ou plusieurs siècles, et que ces volumes compulsés par une main patiente soient comparés à ceux que l'on aura publiés aux années suivantes jusqu'à celle où se fera la révision : on acquerra la connaissance des modifications que le globe aura subies, s'il s'est transformé, ou bien l'on saura qu'il est resté invariable, si on ne constate aucune différence progressive entre les époques passées et les temps actuels. Peut-être trouvera-t-on dans cette comparaison la révélation de quelque fait général saillant dont nous préparons aujourd'hui la découverte à nos descendants. Il faut bien que l'on remarque qu'il n'y a jamais d'autre manière de procéder dans les sciences physiques. L'étude matérielle des faits isolés, que l'on résume ensuite, est la seuleméthode que l'on connaisse et que l'on emploie pour découvrir les lois générales, et si l'astronomie a fait quelques progrès, si elle en attend d'autres, elle les doit ou les devra à la récapitulation et à la coordination des études individuelles qui s'accumulent dans les archives des observatoires. À ce raisonnement d'autres personnes répondent que, les mesures étant faites au niveau du sol au milieu de toutes les causes perturbatrices locales, il y a peu de probabilité qu'elles puissent conduire à des notions générales exactes ; que, les observatoires n'ayant pas d'objet bien défini, on ne sait guère les raisons des pratiques auxquelles on s'astreint ; que les espérances vagues de découvertes générales n'ont rien de bien assuré ; que le but est distant ; que si parmi les myriades dénombres que l'on enfouit dans des volumes coûteux quelques-uns peut-être sont destinés à être utilisés, il y en a une immense quantité qui ne serviront jamais, et qu'il n'est pas nécessaire de créer à grands frais des observatoires, d'user des existences nombreuses à la poursuite de recherches dont on n'a pas d'avance prévu l'utilité.

On le voit, si hors de notre pays tout le monde s'accorde sur la nécessité de pratiquer la météorologie, en France on est loin d'y concourir avec la même unanimité, et les deux opinions opposées que les savants discutent entre eux ont eu pour résultat d*entraver le zèle des adeptes. Ces deux opinions ont été récemment mises en présence au sein même de l'Académie des Sciences. Pour diriger plus sûrement les tentatives de l'agriculture en Algérie, l'administration de la guerre désira faire exécuter des études suivies sur la climatologie des diverses zones de la contrée, et, ne voulant pas assumer la responsabilité scientifique de l'entreprise, elle demanda à l'Académie une instruction détaillée qu'elle se chargeait de mettre à exécution. Une commission fut nommée, et un rapport fut déposé à la fin de décembre 1855 par M. Pouillet. Ce rapport souleva une discussion extrêmement vive ; restreinte d'abord dans les limites mêmes de la demande qui l'avait provoquée, cette question finit par s'étendre, et à propos des observatoires de l'Algérie, on en vint à mettre en cause et presque en interdit la météorologie elle-même. Les coups les plus rudes lui furent portés par des savants éminents, et ceux qu'elle reçut de M. Biot ont eu un long retentissement.

L'illustre et vénérable doyen de l'Académie des Sciences aime la discussion, et il y excelle, car il y apporte à la fois l'expérience des luttes scientifiques qu'il a commencées jeune, les ressources d'un esprit très vaste et dont l'éducation est complète, un peu de passion dans les arguments et beaucoup de respect pour les personnes : il y montre surtout la qualité bien rare d'exposer avec une merveilleuse élégance les détails les plus intimes des questions les plus arides, et réussit toujours à faire admirer son talent, lors même qu'il ne fait pas triompher ses opinions. M. Biot entra dans le débat sur la météorologie avec une grande solennité, et, remplissant comme un devoir envers lui-même et envers l'Académie, il prononça une condamnation formelle de la science qui occupe à elle seule plus de disciples que toutes les autres ensemble. « L'épreuve que l'on a faite en Russie, dit-il, de ces établissements spécialement météorologiques est complète. Leur directeur général est un savant distingué, ses aides principaux sont des hommes très intelligents ; lui et eux ont dû se mettre en possession des méthodes et des procédés d'observation récemment perfectionnés. La générosité de l'empereur de Russie n'a rien refusé de ce qui pouvait assurer le succès de ces établissements. Pourtant ni la ni ailleurs on n'a tiré aucun fruit réel de leurs coûteuses publications, ils n'ont rien produit pour l'avancement de la science météorologique, et j'ajoute que, non par la faute des hommes, mais par le manque d'un but spécial et par la nature de leur organisation, ils ne pouvaient rien produire, sinon des masses de faits disjoints, matériellement accumulés, sans aucune destination d'utilité prévue, soit pour la théorie, soit pour les applications. »

Nous ne voulons point ici faire l'histoire de la discussion soulevée par les paroles de M. Biot. Il nous suffit d'avoir montré que deux opinions entièrement opposées se trouvaient en présence, et que, par les attaques dont elle avait été l'objet, la météorologie se trouvait gravement compromise. Une nous appartient point de discuter ou les arguments favorables des uns, ou les objections impitoyables des autres ; mais s'il est difficile de se prononcer entre des arguments contradictoires, il ne l'est jamais de se rendre à l'évidence des faits. Les opposants auront raison tant qu'une découverte saillante ne les viendra pas condamner, et les météorographes triompheront le jour où ils apporteront, comme résultat de leur persévérance et de leurs travaux collectifs un grand fait météorologique.

Cette bonne fortune leur était réservée. Au moment même où un débat solennel venait de mettre en question à la fois l'autorité et l'utilité de la science, l'observatoire de Paris terminait un ensemble de recherches météorologiques dont il était impossible de contester l'importance. Chacun se souvient que le 14 novembre 1854 une tempête épouvantable enveloppa les flottes anglaise et française stationnées dans la Mer-Noire. *Le Henri IV* fut jeté à la côte, un nombre considérable de bâtiments de transport firent naufrage, et presque tous les navires des deux marines reçurent des avaries que les circonstances et les lieux rendaient désastreuses. La tourmente s'étendit sur toute la Crimée, sur toute la surface de la Mer-Noire jusqu'à Constantinople, et presque en même temps on signalait en France et dans la Méditerranée des coups de vent non moins violents. Il était dès-lors évident que le phénomène n'avait pas été local, qu'il était dû à une perturbation atmosphérique embrassant à la fois ou successivement une grande étendue de pays, peut-être l'Europe entière, et il était désirable, au point de vue de la sécurité des flottes, de rechercher comment une commotion pareille avait pu naître, se développer et se propager. Le directeur de l'observatoire de Paris fut donc chargé par le ministre de la guerre de faire une enquête météorologique sur la question. M. Leverrier écrivit aussitôt une circulaire à tous les météorographes du monde et leur demanda communication des notes qu'ils avaient prises pendant les quelques jours qui précédaient le 14 novembre. Plus de deux cent cinquante réponses, contenant les indications données par les instruments météorologiques aux jours indiqués, furent reçues Il l'Observatoire. Quelques mots suffiront pour faire apprécier l'importance de ces communications, venues de pointe si divers.

Si l'on suppose un observateur fixé en une station invariable sur le globe, étudiant à chaque moment les oscillations du baromètre, il en pourra conclure que la couche atmosphérique répandue au-dessus de sa tête éprouve des variations alternatives. Il arrivera ainsi à la connaissance de faits isolés qui auront pour lui une importance médiocre, et n'en offriront aucune aux habitants des contrées voisines ; Ces oscillations du baromètre se reproduisent cependant dans tous les points du globe, elles n'y sont point le résultat d'accidents locaux, mais bien des manifestations de mouvements atmosphériques qui s'étendent sur des espaces considérables, et qu'on pourrait étudier dans leur ensemble, si on possédait une série d'observations faites au même moment sur les divers points couverts par la masse d'air dont on veut étudier l'état physique. Ainsi, par la diffusion des observations d'abord, par leur concentration dans des mains uniques qui les coordonnent ensuite, il devient possible de constater l'étendue qu'occupe une grande perturbation de l'océan aérien, de la suivre dans son origine, dans son développement, dans sa translation. Ces observations individuelles, très multipliées, M. Leverrier venait de les recevoir : elles avaient été faîtes toutes à la même époque, et précisément au moment où une grande commotion agitait le continent européen ; elles contenaient évidemment tous les éléments nécessaires pour faire l'histoire de ce bouleversement ; Seulement il fallait les réunir, les coordonner, et ce n'était pas un médiocre travail. M. Leverrier en chargea M. Liais, qui s'est acquitté de cette pénible tâche avec tout le succès désirable.

Le 12 novembre, à l'heure de raidi de Paris, les diverses localités de l'Europe se trouvaient dans des états atmosphériques très-dissemblables ; le baromètre atteignait dans quelques-unes des hauteurs plus grandes que dans toutes les autres et tout à fait exceptionnelles, et ces localités n'étaient pas irrégulièrement distribuées ; on les trouvait au contraire parfaitement alignées, et en les marquant sur la carte, elles présentaient un ensemble de points dessinant une ligné peu sinueuse qui courait du nord au sud. Cette ligne passait sur l'Angleterre, elle en coupait la côte orientale par le 55° degré de latitude, se dirigeait vers le sud, traversait le canal de Bristol et se prolongeait vers la pointe de Cornouailles. À partir de ce point, elle passait sur la Manche, se retrouvait à travers la Bretagne, et, coupant la France diagonalement, sortait par Narbonne pour entrer dans la Méditerranée. Elle ne s'y perdait pas, et on la retrouvait sur la côte algérienne vers le 5° degré de longitude orientale. Sur toute l'immense étendue de cette ligné, le baromètre se soutenait à 770 millimètres, et quand on s'en éloignait vers des localités placées à l'est ou bien à l'ouest, on reconnaissait des pressions barométriques moindres, et qui diminuaient d'autant plus que l'on s'écartait davantage.

Il est donc prouvé que le 12 novembre à midi la pression atmosphérique avait atteint un maximum sur toute l'étendue de l'immense ligne que nous venons de décrire, et comme cette pression est due aux couches d'air superposées au baromètre en ces points, on peut expliquer le fait en admettant que l'air y avait atteint momentanément une épaisseur plus grande, que la surface supérieure de l'atmosphère y était surélevée, qu'elle présentait une colline continue courant de l'Angleterre à l'Afrique, du nord au sud, et dont la crête était justement placée au-dessus des points par lesquels passait la ligne tracée. Si l'on veut une représentation matérielle de ce phénomène, on peut se figurer la surface agitée de la mer, suivre par la pensée la ligne qui forme la crête supérieure d'une vague : on aura l'image de l'état où se trouvait l'océan atmosphérique, et la surélévation qui existait à sa surface prendra par analogie le nom de *vague atmosphérique*.

À partir du moment que nous avons pris pour point de départ, le baromètre baisse dans tout le trajet de la courbe ; mais il monte progressivement dans les points qui la bordent à l'est. La vague n'est pas immobile ; elle se meut comme les vagues de l'océan ; à minuit-elle a franchi la Manche et se trouve au-dessus de la Hollande, de Lille, de Paris et de Lyon ; enfin au lendemain 13, à midi, vingt-quatre heures après qu'elle a été une première fois observée, on la retrouve, avec les mêmes caractères, déjà très loin de son point de départ et un peu inclinée sur sa direction primitive ; elle se montre sur les côtes orientales de la Suède, sur les îles d'Aland et de Rugen, passe à Berlin, à Dresde, se dirige vers les Alpes, dont elle suit les sinuosités, et, côtoyant les frontières orientales de France, se perd dans la Méditerranée.

La vague se déforme ensuite sensiblement ; ses extrémités marchent plus rapidement que son milieu. On la voit, le 14 novembre à midi, partir de Saint-Pétersbourg et se retrouver à Dantzig, traverser la Prusse, passer à l'ouest de Vienne, puis, s'infléchissant, se diriger sur, la Dalmatie, franchir la mer Adriatique, et, coupant la pointe méridionale de l'Italie, rentrer dans la mer par le golfe de Tarente. Elle continue, sans s'affaiblir, sa marche à travers la Russie, les provinces danubiennes et la Turquie d'Europe ; le 15, elle se trouve sur les monts Krapacks ; le 16, elle a franchi la Mer-Noire, et, faute d'observations, on cesse de la pouvoir suivre.

Voilà, tout le monde en conviendra, un des phénomènes les plus généraux, les plus intéressants de la physique du globe. C'est une condensation de l'atmosphère que chaque météorologiste voit passer au-dessus de lui sans en connaître l'étendue, que M. Liais nous montre dans son ensemble et qu'il suit dans ses mouvements.

L'océan atmosphérique a donc ses vagues ; elles couvrent presque tout le globe ; elles se déplacent dans une direction régulière comme celles de la mer. L'onde que nous venons d'étudier se transporte de l'occident à l'orient, traverse l'Europe tout entière, et met quatre jours pour aller de Londres à la Mer-Noire. Tout en la suivant dans son mouvement général de propagation, nous découvrons déjà, sur la surface des continents, des causes : locales qui la déforment et la ralentissent. Pendant qu'elle franchit, du 12 à midi au 13 à minuit, la surface plane et basse qui s'étend au nord, des côtes de l'Angleterre à l'embouchure de l'Oder, elle traverse à peine au midi la largeur de la France, et s'arrête pendant longtemps sur le contour des Alpes, qui lui opposent comme une barrière qu'elle hésite à franchir, et qui en diminuent notablement la hauteur. Au bout de vingt-quatre heures de lutte, les Alpes sont cependant traversées ; mais alors se présentent les montagnes du Tyrol, puis les Krapacks et les Balkans, et la vague, qui avait été de plus en plus retardée et abaissée par ces obstacles naturels, se relève et s'accélère en passant sur la Mer-Noire.

J'ai peur que l'on ne confonde cette vague avec les effets des vents qui transportent l'air d'un lieu à un autre, et qu'on ne voie dans ce phénomène un ouragan qui aurait poussé l'atmosphère de l'ouest vers l'est. Rien de pareil ne se produisait, pas plus qu'on ne remarque aucun effet semblable dans les vagues de la mer. Celles-ci sont produites par un soulèvement momentané de la surface de l'eau sur les points qu'elles parcourent, mais le liquide n'est pas entraîné avec elles. Quand elles rencontrent un navire, elles le soulèvent, mais elles ne le déplacent pas, et si même on se représente une rivière qui coule rapidement, on se rappellera y avoir vu des vagues dont les unes remontaient le courant pendant que d'autres le suivaient, se montrant ainsi tout à fait indépendantes des mouvements de progression que les eaux possèdent. Or entre les liquides et l'air l'analogie est complète ; notre vague atmosphérique traversa des contrées où les vents soufflaient dans des directions tout à fait différentes, et ils n'ont opposé à sa formation ou à son mouvement aucun obstacle appréciable. Tous les enfants s'amusent à placer sur le sol une longue corde, dont ils tiennent le bout à la main ; quand ils le soulèvent pour l'abaisser ensuite brusquement, ils voient toute la corde se mettre successivement en action et une espèce d'arceau se former comme un repli de serpent qui se meut de lui-même et par court la corde tout entière. Cet arceau, ce repli est une image fidèle de la vague atmosphérique.

Les documents reçus à l'Observatoire, outre l'état barométrique, fournissaient encore les éléments nécessaires pour reconstituer toutes les circonstances qui accompagnaient le mouvement de la vague. On y voit des températures très inégales du nord au midi, on y constate des directions tout à fait indépendantes dans les vents ; mais ce qui doit nous étonner, c'est que, malgré l'immense étendue de l'espace parcouru, malgré toutes les différences des latitudes et des climats, la visite de la vague amena sur les continents ou sur les mers un temps calme et cette bienfaisante influence d'une atmosphère sereine qui concorde avec la grande hauteur du baromètre. Rien ne faisait présager ces affreuses commotions que la mer avait éprouvées en Crimée, et qui avaient motivé l'enquête. Nous allons voir cependant qu'entre cette vague inoffensive et les tempêtes désastreuses, il existe une relation directe, et que ce calme momentané est la suite ou le présage de phénomènes destructeurs.

On a commencé à reconnaître la vague le 12 novembre à midi, au moment où elle planait sur l'Angleterre et la France. Remontons maintenant un peu plus haut : du 10 au 11 novembre, les mêmes points, loin d'être soumis à une pression inhabituellement élevée, éprouvaient un effet contraire ; le baromètre y était bas, plus bas qu'aux autres contrées, et les points où l'affaiblissement de la pression était le plus marqué occupaient sensiblement cette même ligne, qui était au 12 le lieu de la vague. Il y avait donc en ces points une diminution de la hauteur de l'atmosphère* et sa surface supérieure devait y présenter un sillon creux très étendu. Le sillon était à cette date assez peu profond ; on le voit ensuite se mettre en mouvement : le 12 il parvient à la limite de l'Autriche, le 13 il atteint la Mer-Noire, le 14 il s'abat sur la Crimée. À l'origine, cette dépression de l'atmosphère était à peine sensible ; mais en la suivant dans son trajet, on la vit s'aggraver, et à Munich on la trouva considérable ; à Vienne, elle fut plus grande encore ; sur la Mer-Noire, elle avait atteint des proportions énormes. La vague élevée avait donc été précédée d'une dépression, d'une onde creuse qui, lui montrant le chemin, avait traversé l'Europe et atteint la Mer-Noire le 14 novembre. Ces deux ondes, dont la connexion est évidente, nous en font prévoir une troisième qui les suivait pas à pas, et qui devait être aussi une vague creuse ; nous la distinguons en effet, elle couvre la France du 14 au 15, et poursuit celles qui l'ont précédée. En France, nous voyons donc successivement passer, le 11 une dépression, le 12 et le 13 une vague surélevée, du 14 au 15 un nouveau creux, et la succession des mêmes phénomènes se retrouve en Crimée à des dates différentes : le 14, on y subit l'action de la dépression antérieure, au 16 on voit la vague élevée, et probablement au 18 on y verrait passer le creux postérieur, si les documents ne manquaient pas à cette, date. C'est maintenant que- nous pouvons particulièrement insister sur la comparaison des ondes de l'atmosphère avec celles de la mer, où nous voyons incessamment se succéder des vagues et des creux se poursuivant toujours et venant incessamment produire sur les mêmes points des mouvements alternativement opposés. Ces dépressions atmosphériques, qui suivent et précèdent les vagues élevées, ne leur ressemblent malheureusement pas dans les effets qu'elles produisent ; loin d'amener le beau temps, elles apportent des pluies abondantes, les vents prennent des vitesses considérables, les grains surviennent et les tempêtes se produisent. C'est l'onde basse antérieure qui a affligé la Crimée le 14, c'est la dépression postérieure qui à sévi en France du 15 au 16.

L'utilité de la météorologie est donc aujourd'hui bien établie, et les derniers progrès de cette science ont mis une fois de plus en évidence un fait bien remarquable, — la liaison qui existe entre les diverses branches de la physique et les services réciproques qu'elles peuvent se rendre. La pratique de la météorologie avait, jusqu'à ces dernières années, rencontré deux des plus grandes difficultés qui puissent entraver une science. La première était dans les détails : il fallait installer des observatoires et enrôler un nombre considérable d'ouvriers isolés. La seconde empêchait l'œuvre commune de s'achever : c'était la peine qu'il fallait prendre pour relier en un faisceau commun tant d'observations éparses. Les choses, on le comprend, sans rien perdre de leur précision dans les détails, acquerraient une bien plus grande valeur générale, si le même observateur pouvait lui-même à la fois faire en tous les lieux la même étude d'un phénomène atmosphérique. Si les sciences n'ont point encore réussi à donner à l'homme ce pouvoir d'ubiquité, elles viennent au moins d'y suppléer par le télégraphe électrique, et de donner à la météorologie le plus précieux de tous ses appareils : celui qui peut réunir dans une main commune toutes les explorations qui s'exécutent en tous les points d'une vaste contrée.

Sans les avis instantanés du télégraphe, chaque observatoire est abandonné à lui-même. S'il voit passer un météore extraordinaire, il ne peut en avertir les contrées vers lesquelles il marche, et lui-même ne reçoit aucune nouvelle qui le prépare à étudier les grands bouleversements qui se dirigent vers lui. Au bout de plusieurs années, il est vrai, les moyennes des observations sont quelquefois publiées, mais elles ne contiennent plus la trace des phénomènes accidentels ; à moins qu'ils n'aient apporté une perturbation extraordinaire dans l'état des contrées, ils sont oubliés ; on ne peut plus espérer d'en retrouver la marché et te développement. Les ondes atmosphériques par exemple sont, sans contestation, un des mouvements les plus communs de l'atmosphère, et c'est à la persévérante attention de quelques savants que l'on en doit la toute récente découverte. Celles qui ont affligé les continents pendant tant de siècles n'ont été considérées que comme des accidents dont la liaison avait échappé, et nous pouvons sans témérité penser que bien d'autres actions générales qui affectent les habitants du globe sont demeurées inconnues, parce que les hommes n'avaient aucun moyen de se prévenir à de grandes distances des effets qu'ils éprouvent à une époque déterminée. Les météorologistes auraient donc à peu près sans utilité multiplié les lieux d'études, s'ils n'avaient réussi à les lier entre eux par un système de communications toujours prêt et instantané : c'est le télégraphe.

Supposons par exemple qu'un ouragan se montre, à Saint-Pétersbourg ; on petit à l'instant même en demander des nouvelles à tous les observatoires de Russie, et quelques heures après on saura qu'il souffle sur tout l'empire, — car ces phénomènes ne sont point locaux, — qu'il occupe une longue ligne du nord au sud. Le lendemain, on saura qu'il marche vers l'occident, qu'il se dirige vers l'Allemagne, et l'on en préviendra les astronomes de Berlin et de Vienne : ceux-ci attendront et se prépareront à observer ; bientôt le phénomène les enveloppera à leur tour, et ils en donneront avis en France et en Angleterre. Chacun, rendant ainsi le service d'annoncer une grande perturbation, permettra à ceux qu'elle menace de s'en pré occuper à l'avance et de s'en garantir ; les agriculteurs hâteront leurs rentrées, les ports arboreront des pavillons d'alarme, et ces dangers ainsi prévus perdront sans aucun doute un peu de la gravité qu'ils ont lorsqu'ils arrivent à l'improviste. On peut se rappeler qu'il a fallu quatre jours à l'onde de Balaclava pour aller de Londres en Crimée ; une nouvelle électrique aurait donc permis aux vaisseaux alliés de prendre longtemps à l'avance des mesures de sûreté qui eussent annulé reflet de la tempête. Non-seulement, on. le voit, le télégraphe électrique peut rendre à la météorologie cet important service de transmettre à un centre commun l'avis et le détail d'une action atmosphérique étendue, mais, grâce à son concours, la météorologie va devenir une étude dont l'utilité sera journalière et générale. On pourra prédire à tout un pays une commotion qui le menace, non pas comme on prédit une éclipse pour en avoir calculé l'heure, mais comme on annonce à une station de chemin de fer l'arrivée d'un train qui est en marche. Cet important et nouvel emploi du télégraphe vient de se réaliser en France : un accord s'est établi entre la direction des télégraphes et celle de l'Observatoire. Espérons que cet accord marquera le point de départ d'une ère nouvelle pour la météorologie.

ISBN : 978-1722156640